Sven-David Müller

Die Rolle der Nahrungsergänzung und von Nahrungser-gänzungsmitteln bei Diabetes mellitus

GRIN Verlag

Bibliografische Information der Deutschen Nationalbibliothek:

Die Deutsche Bibliothek verzeichnet diese Publikation in der Deutschen National-
bibliografie; detaillierte bibliografische Daten sind im Internet über http://dnb.d-
nb.de/ abrufbar.

Impressum:

Copyright © 2011 GRIN Verlag GmbH
Druck und Bindung: Books on Demand GmbH, Norderstedt Germany
ISBN: 978-3-656-03856-6

Dieses Buch bei GRIN:

http://www.grin.com/de/e-book/180963/die-rolle-der-nahrungsergaenzung-und-
von-nahrungsergaenzungsmitteln-bei

GRIN - Your knowledge has value

Der GRIN Verlag publiziert seit 1998 wissenschaftliche Arbeiten von Studenten, Hochschullehrern und anderen Akademikern als eBook und gedrucktes Buch. Die Verlagswebsite www.grin.com ist die ideale Plattform zur Veröffentlichung von Hausarbeiten, Abschlussarbeiten, wissenschaftlichen Aufsätzen, Dissertationen und Fachbüchern.

Besuchen Sie uns im Internet:

http://www.grin.com/

http://www.facebook.com/grincom

http://www.twitter.com/grin_com

Der Sinn und Unsinn der Nahrungsergänzung bei Diabetes mellitus

Von Sven-David Müller, M.Sc., Diabetesberater DDG

Diabetes mellitus

Diabetes mellitus ist eine Stoffwechselkrankheit, die nicht heilbar ist. Im Volksmund wird sie „Zuckerkrankheit" genannt. Diese Erkrankung ist schon seit der Antike bekannt und die ersten Hinweise stammen bereits aus dem alten Ägypten, aus dem Papyrus Ebers. Wörtlich übersetzt bedeutet „Diabetes mellitus" „honigsüßer Durchfluss", denn das Blut und der Urin von Diabetikern sind tatsächlich süß.

Was bedeutet Stoffwechsel?

Stoffwechsel bedeutet ganz allgemein, dass Stoffe, die wir mit der Nahrung aufnehmen, im Körper in kleinere Stücke zerlegt werden. Diese Teile nutzt der Körper direkt oder baut sie so um, dass er sie gebrauchen kann. Die Bestandteile werden dann für die verschiedensten Körperfunktionen genutzt, wie zum Beispiel zur Energiegewinnung oder zur Abwehr von Krankheiten. Bei Diabetes mellitus liegt eine Störung im Zuckerstoffwechsel des Körpers, genauer gesagt, eine Störung in der Regulation des Blutzuckerspiegels, vor.

Der Zuckerstoffwechsel

Mit der Nahrung nimmt der Mensch unter anderem Kohlenhydrate auf. In Lebensmitteln kommen Kohlenhydrate in unterschiedlichen Strukturen vor: entweder langkettig, zum Beispiel als Stärke, oder kurzkettig, beispielsweise als Traubenzucker. Durch die Verdauung werden die Kohlenhydrate in ihre einzelnen Bestandteile, die Zuckermoleküle, aufgespalten und gelangen so in das Blut. Mit dem Blut werden die einzelnen Traubenzuckermoleküle zu den Körperzellen, zum Beispiel Muskelzellen oder Zellen von Organen, transportiert. Jede Körperzelle benötigt Traubenzucker, um daraus Energie für den Organismus zu gewinnen. Nach dem Essen von kohlenhydrathaltigen Lebensmitteln steigt also der Zuckergehalt im Blut an. Entscheidend für den Blutzuckeranstieg ist dabei der Traubenzucker-Gehalt in den Lebensmitteln. Besonders stark steigt der Blutzuckerspiegel nach Mahlzeiten, in denen reichlich Traubenzucker enthalten ist. Ein Beispiel dafür sind weißmehlhaltige Speisen. Der Blutzuckerspiegel steigt dagegen langsamer an, wenn das Essen stärke- und ballaststoffreich ist, denn der Körper muss erst die langkettigen Kohlenhydrate aufspalten. Stärke- und ballaststoffhaltig ist zum Beispiel Vollkornbrot. Noch langsamer steigt der Blutzuckerspiegel bei Milch und bei frischem Obst mit Schale. Praktisch keine Blutzuckersteigerung erfolgt, wenn nur eiweiß- oder fetthaltige Lebensmittel, wie beispielsweise Fleisch oder Fisch, verzehrt werden.

Die Rolle des Insulins

Um Traubenzucker aus dem Blut aufnehmen zu können, benötigen die Körperzellen das Hormon Insulin. Die Aufnahme des Traubenzuckers in die Körperzellen funktioniert nach dem „Schlüssel-Schloß-Prinzip". Insulin funktioniert ähnlich wie ein Schlüssel und „schließt" sozusagen die Zellen für den Traubenzucker auf. Insulin wird in den Inselzellen der Bauchspeicheldrüse (Pankreas) gebildet. Die Insulinausschüttung der Bauchspeicheldrüse wird durch die Menge an Traubenzucker im Blut ausgelöst. Je mehr Traubenzucker im Blut vorhanden ist, desto mehr Insulin ist notwendig, um die Körperzellen „aufzuschließen". Schon ein geringer Anstieg des Blutzuckers führt zu einer Insulinausschüttung. Ist dagegen der Blutzuckerspiegel niedrig, also nur wenig Traubenzucker im Blut, schüttet die Bauchspeicheldrüse nur noch wenig oder gar kein Insulin mehr aus, weil nun kaum noch ein Insulinbedarf besteht.

Wie entsteht Diabetes mellitus?

Jeder Mensch hat Blutzucker, nur Diabetiker haben zuviel davon. Bei einer Erkrankung an Diabetes mellitus ist entweder kein oder nur sehr wenig Insulin vorhanden. Es fehlt also der „Schlüssel". Oder es ist zwar Insulin vorhanden, aber es kann nicht richtig wirken. In diesem Fall passt der „Schlüssel" nicht. Ohne die Hilfe des Insulins können die Körperzellen den Traubenzucker aus dem Blut nicht aufnehmen. Stattdessen verbleibt der Traubenzucker im Blut und der

Blutzuckerspiegel steigt an. Es kommt zu einer Überzuckerung, einer sogenannten Hyperglykämie. Daher versucht der Körper, den Zucker über den Urin auszusondern. Durch die hohe Konzentration des Zuckers im Urin ist viel Wasser aus dem Körper nötig, um den Zucker in Lösung zu halten und ihn auszuscheiden. Deshalb kann es zu erheblichen Wasserverlusten und damit zur Austrocknung des Körpers kommen. Starker Durst ist die Folge des Wasserverlustes. Da den Körperzellen nun der Traubenzucker als Energielieferant fehlt, nutzen sie Fettsäuren als Energiequelle, die in den Fettzellen des Körpers gespeichert sind. Dabei entstehen Ketonkörper. Dies sind Abfallprodukte des Fettabbaus. In großen Mengen übersäuern sie das Blut und es kann zu einer schwereren Stoffwechselentgleisung und Bewusstlosigkeit kommen. Dieser Zustand muss sofort medizinisch behandelt werden. Folgende Abbildung verdeutlicht die Diabetesentstehung:

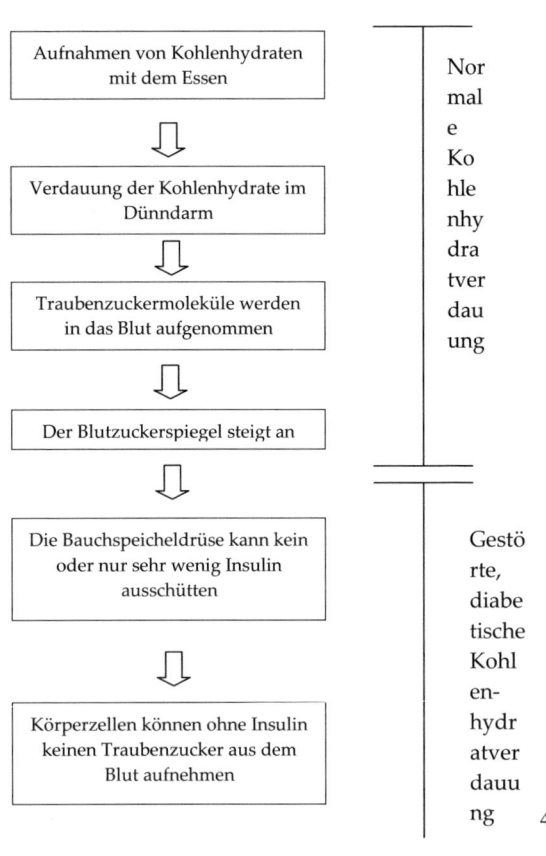

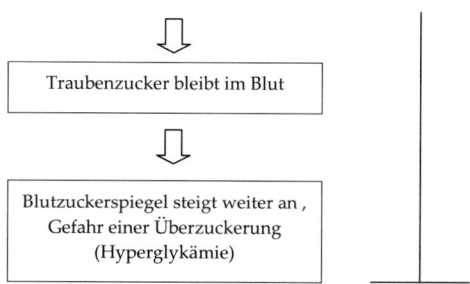

Abbildung 1: Entstehung von Diabetes mellitus

Ein Diabetes mellitus liegt vor, wenn die Blutzuckerwerte folgende Daten aufweisen:

nüchtern (vor dem Essen)	≥ 126 mg/dl (≥ 6,1 mmol/l)
nach einer Mahlzeit:	
Blutstropfen aus der Fingerbeere	≥ 200 mg/dl (≥ 11,1 mmol/l)
Blut aus der Vene	≥ 180 mg/dl (≥ 10 mmol/l)

Welche Formen von Diabetes mellitus gibt es?

Es gibt verschiedene Formen des Diabetes mellitus, die von Diabetologen anhand der Krankheitsursache unterschieden werden. Die Hauptformen des Diabetes sind Diabetes mellitus Typ 1 und Diabetes mellitus Typ 2. Weitere Diabetesformen sind Schwangerschaftsdiabetes, Diabetes mellitus aufgrund Vergiftungen, durch Einwirkung von Medikamenten oder durch besondere genetische Störungen. Auf diese Nebenformen wird wegen ihrer Seltenheit in der vorliegenden Broschüre nicht näher eingegangen.

Diabetes mellitus Typ 1

Diabetes mellitus Typ 1 tritt vorwiegend bei Kindern, Jugendlichen und jungen Erwachsenen auf. Bei dieser Diabetesform werden aufgrund einer Autoimmunreaktion, bei der sich die Abwehrzellen fälschlicherweise gegen bestimmte körpereigene Zellen richten, die Inselzellen der Bauchspeicheldrüse zerstört. Dadurch kommt die Insulinproduktion der Inselzellen völlig oder teilweise zum Erliegen und der Erkrankte muss sich das lebensnotwendige Insulin spritzen. Die Anzeichen für eine Erkrankung sind: starker Durst, häufiges Wasserlassen, Gewichtsabnahme ohne Grund, Müdigkeit und Abgeschlagenheit.

Diabetes mellitus Typ 2

Diabetes mellitus Typ 2 ist auch als „Altersdiabetes" bekannt, da er früher hauptsächlich bei älteren Menschen auftrat. Seit Neustem sind aber auch immer mehr übergewichtige Kinder und Jugendliche betroffen. Denn außer Vererbung, spielt auch Bewegungsmangel und Übergewicht eine Rolle bei der Entstehung dieser Diabetesform. Bei Diabetes mellitus Typ 2 liegt eine Unempfindlichkeit (Resistenz) der Körperzellen gegenüber Insulin vor. Es ist zwar genügend vorhanden, aber das Insulin kann nicht richtig wirken. Zusätzlich liegt oft auch eine Störung in der Ausschüttung des Hormons vor, das heißt, die Bauchspeicheldrüse bildet zu langsam oder zu wenig Insulin. Durch die Resistenz der Körperzellen und die dadurch verschlechterte Insulinwirkung, steigt nach dem Essen der Blutzuckerspiegel an. Es wird mehr Insulin benötigt und so produziert die Bauchspeicheldrüse immer größere Mengen davon. Dadurch, dass nun sehr viel Insulin vorhanden ist, werden die Körperzellen noch unempfindlicher gegenüber dem körpereigenen Insulin und die Bauchspeicheldrüse muss so immer mehr Insulin herstellen. Daraus ergibt sich folgender Teufelskreis:

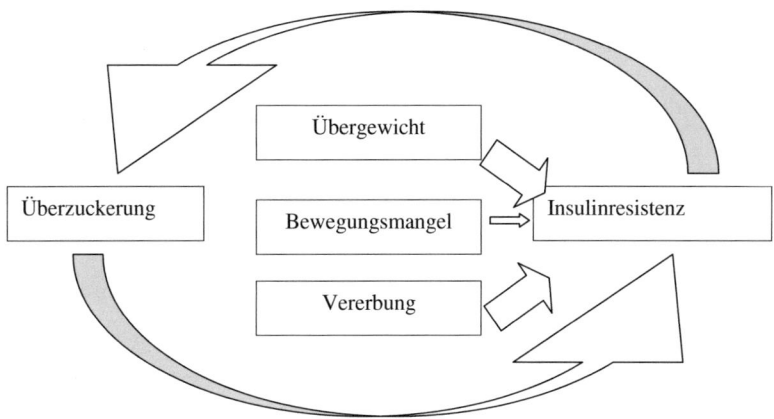

Abbildung 2: Teufelskreis der Insulinresistenz

Irgendwann schafft es die Bauchspeicheldrüse nicht mehr, genügend Insulin herzustellen und die insulinproduzierenden Inselzellen fangen an, aufgrund der ständigen Überlastung abzusterben. Wenn mehr als 80 Prozent der Inselzellen zerstört sind, muss sich auch ein Typ-2-Diabetiker Insulin spritzen. Diabetes mellitus Typ 2 entwickelt sich langsam und schleichend. Eine Erkrankung wird oft durch Zufall entdeckt, wenn der Patient einen Arzt wegen anderer Beschwerden aufsucht.

Übergewicht, Bewegungsmangel und metabolisches Syndrom
Das sogenannte metabolische Syndrom wird als Vorstufe des Diabetes mellitus Typ 2 gesehen. Die Hauptursache dafür ist die ererbte Insulinunempfindlichkeit (Insulinresistenz) der Körperzellen. Zum metabolischen Syndrom zählen verschiedene Faktoren und Krankheiten, beispielsweise Bluthochdruck, Fettstoffwechselstörungen und krankhaftes Übergewicht. Durch Übergewicht und Bewegungsmangel verschlimmert sich das metabolische Syndrom und damit die Insulinresistenz. Deswegen ist die einzige Möglichkeit, aus diesem Teufelskreis

auszubrechen, eine Gewichtsreduktion, regelmäßige Bewegung wie Schwimmen, Wandern oder Radfahren sowie eine ausgewogene Ernährungsweise.

Folgeerkrankungen von Diabetes mellitus

Wird Diabetes mellitus nicht behandelt oder ist die Stoffwechseleinstellung schlecht, treten aufgrund des hohen Blutzuckerspiegels Folgeschäden auf. Bei Diabetes mellitus Typ 2 sind oft schon Folgeerkrankungen vorhanden, da diese Diabetesform meistens erst nach Jahren entdeckt wird. Typische Diabetes-Folgeerkrankungen sind: Erkrankungen des Herz-Kreislaufsystems, Augenerkrankungen, Nierenerkrankungen, diabetisches Fußsyndrom, Nervenerkrankungen und Potenzstörungen. Eine gute Stoffwechseleinstellung bei Diabetes mellitus trägt dazu bei, dass akute und chronische Folgeerkrankungen gar nicht erst entstehen. Wenn bereits Folgeerkrankungen bestehen, kann deren Verlauf durch eine gute Diabetestherapie verlangsamt oder sogar gestoppt werden.

Therapie bei Diabetes mellitus

Diabetes mellitus Typ 1 wird mit Insulin behandelt. Bei Diabetes mellitus Typ 2 reicht es oftmals aus, zunächst eine Ernährungsumstellung und Lebensstiländerung vorzunehmen. Eine leichte bis moderate Gewichtsabnahme und ausreichend Bewegung sind deshalb entscheidend für eine Verbesserung der Diabeteserkrankung. Erst wenn dieses nicht mehr ausreicht, wird Diabetes mellitus Typ 2 mit Medikamenten, sogenannte orale Antidiabetika, und schließlich auch mit Insulin behandelt. Eine zusätzliche Möglichkeit ist dabei auch die Aufnahme von Zimt, denn in Zimt ist ein sekundärer Pflanzenstoff , das MHCP („Methylhydroxy-Chalcone-Polymer") enthalten, der den Blutzuckerspiegel senkt. Neueste Forschungen zeigen, dass das MHCP die Insulinwirkung verbessern kann, indem es die Unempfindlichkeit der Körperzellen gegenüber diesem Hormon aufhebt.

9

Ernährungsempfehlungen

Früher ist man davon ausgegangen, dass Diabetiker unbedingt Zucker und zuckerhaltige Lebensmittel meiden müssen. Der Essensplan sah dementsprechend streng aus und wurde von Verboten beherrscht. Ein drakonischer Ernährungsplan für Diabetiker ist heutzutage glücklicherweise überflüssig. Für sie gelten die gleichen Ernährungsempfehlungen wie für gesunde Menschen. Die Ernährungsweise sollte vollwertig, ballaststoff- und kohlenhydratreich sein nach dem Vorbild der Mediterranen Küche. Empfehlenswert sind dabei langkettige Kohlenhydrate, wie sie beispielsweise in Nudeln, Pellkartoffeln, Vollkornprodukten, Gemüse und Obst vorkommen. Tierische Fette sollten nur in Maßen gegessen werden. Wenn Fett benutzt wird, dann sollte es aus pflanzlichen Quellen stammten, denn in diesen sind herzgesunde ungesättigte Fettsäuren enthalten. Weiterhin gilt: Fisch statt Fleisch, denn Fisch enthält Omega-3-Fettsäuren, die sich schützend auf Gefäße und Herz auswirken. Mehrere kleine anstelle der drei üblichen großen Mahlzeiten helfen, den Blutzucker auf ein einheitliches Niveau ohne starke Schwankungen zu bringen. Auch wird so eine Senkung der Blutfette und eine Normalisierung des Körpergewichtes unterstützt. Zuckerhaltige Lebensmittel müssen nach neuesten wissenschaftlichen Erkenntnissen nicht mehr rigoros gemieden werden. Typ-1-Diabetiker und schlanke Typ-2-Diabetiker können durchaus in geringen Mengen zucker- oder honighaltige Lebensmittel essen. Typ-1-Diabetiker sollten dabei die Menge der entsprechenden Brot- oder **B**erechnungs**e**inheiten (BE) beachten. Anders als Typ 1-Diabetiker, die ihre Kohlenhydrataufnahme aus Lebensmitteln in Form von BE ermitteln, ist es für Typ 2-Diabetiker von Bedeutung, Kalorien zu berechnen und darauf zu achten, sich möglichst kalorien- und damit fettarm zu ernähren.

Durch ihre Diabeteserkrankung haben Diabetiker zudem oft einen erhöhten Bedarf an Vitaminen und Mineralstoffen im Vergleich zu Gesunden. Dieser Bedarf entsteht durch den veränderten Zuckerstoffwechsel und damit zusammenhängende Prozesse im Körper. Durch den hohen Blutzuckerspiegel scheiden Diabetiker außerdem vermehrt Urin aus. Dabei gehen insbesondere wasserlösliche Vitamine wie Vitamin C und Vitamine aus der B-Gruppe verloren. Durch den erhöhten Vitalstoffbedarf und die gleichzeitig hohen Verluste können leicht Mangelerscheinungen bei Diabetikern auftreten. Die Folge davon ist ein erhöhtes Risiko für Herz-Kreislauferkrankungen sowie das Auftreten von diabetischen Folgeerscheinungen.

Mikronährstoffe in der Diabetestherapie

Die zusätzliche Einnahme von Mikronährstoffen oder auch Vitalstoffen hilft, einer Mangelerscheinung in Folge eines Diabetes mellitus vorzubeugen oder sie zu beheben. Durch die veränderte diabetische Stoffwechsellage, der Einnahme von Medikamenten, eine Reduktionskost zur Gewichtsabnahme oder auch durch das Vorhandensein von Folgeerkrankungen wird eine Nahrungsergänzung durch die Einnahme von Vitalstoffen notwendig. Durch den gestörten Zuckerstoffwechsel leiden Diabetiker zusätzlich vermehrt unter oxidativen Stress. Oxidativer Stress bedeutet, dass im Körper aggressive Sauerstoffverbindungen, sogenannte „Freie Radikale" gebildet werden, die die Zellen schädigen können. Diese freien Radikale können durch Vitalstoffe abgefangen und unschädlich gemacht werden. Zu den Vitalstoffen zählen Vitamine, Mineralstoffe, Enzyme, ungesättigte Fettsäuren, Ballaststoffe und sekundäre Pflanzenstoffe.

Eine wissenschaftlich gesicherte Zufuhrempfehlung speziell für Diabetiker liegt noch nicht vor. Da Diabetiker jedoch einen höheren Bedarf an Vitalstoffen haben als Gesunde, sollten die empfohlenen Aufnahmemengen für Gesunde als Mindestmenge angesehen werden. In einer Tabelle im Anschluss an dieses Kapitel, sind alle wichtigen Vitalstoffe mit Zufuhrmengen übersichtlich aufgeführt.

Vitamine und Antioxidantien

Vitamine sind für den menschlichen Organismus lebensnotwendig. Der Körper kann Vitamine, bis auf einige wenige Ausnahmen, nicht selbst bilden, so das sie mit der

Nahrung aufgenommen werden müssen. Da die meisten Vitamine vom Körper nicht gespeichert werden können, ist ihre tägliche Aufnahme mit der Kost erforderlich. Schon in geringen Konzentrationen sind Vitamine wirksam. Sie wirken ähnlich wie Enzyme oder Hormone. In den folgenden Abschnitten wird auf die Bedeutung bestimmter Vitamine, die für Diabetiker besonders wichtig sind, genauer eingegangen.

Antioxidantien sind Stoffe, die als Radikalfänger wirken. Freie Radikale entstehen ständig im menschlichen Körper durch Lichteinstrahlung, Medikamente, oxidativen Stress und auch durch bestimmte Nahrungsbestandteile. Antioxidantien reparieren durch Radikale beschädigte Bestandteile der Körperzellen, oder helfen dabei, falls die Bestandteile nicht mehr repariert werden können, diese abzubauen und durch neue Teile zu ersetzen. Die wichtigste Aufgabe der Antioxidantien ist jedoch, die Radikale unschädlich zu machen, bevor sie Körperzellen schädigen können. Zu den Antioxidantien zählen verschiedene Stoffe, unter anderem auch mehrere Vitamine und die Mineralstoffe Selen, Zink, Kupfer und Eisen.

Vitamin C (Ascorbinsäure)
Vitamin C gehört zu den wasserlöslichen Vitaminen und kann deshalb nicht im Körper gespeichert werden. Durch den vermehrten Harndrang infolge hohen Blutzuckers bei Diabetes mellitus wird es vermehrt wieder ausgeschieden und geht so dem Körper verloren. Im Körper erfüllt Vitamin C zahlreiche Aufgaben als Antioxidans und als Cofaktor bei der Herstellung von Kollagen, Gallensäuren, Carnitin und Hormonen wie Adrenalin und Noradrenalin. Des weiteren fördert Vitamin C die Aufnahme von Eisen aus der Nahrung, verringert die Bildung der krebsverdächtigen Nitrosamine im Magen und ist an Entgiftungsreaktionen beteiligt. Bei Diabetikern wirkt Vitamin C vor allem Augenerkrankungen, Gefäß- sowie Nervenschäden entgegen. Außerdem hat es einen positiven Einfluss auf den Langzeitzucker (HbA1c-Wert).

Die Gruppe der B-Vitamine:

Zur Gruppe die B-Vitamine zählen unter anderem die Vitamine B1, B2, B3, B6, B12 und Folsäure. B-Vitamine sind genauso wie Vitamin C wasserlöslich und können bei erhöhtem Harndrang deshalb leicht über den Urin verloren gehen.

Vitamin B1 (Thiamin) spielt eine wichtige Rolle als Coenzym im Energie- und Kohlenhydratstoffwechsel. Störungen im Nervensystem, die gerade bei Diabetikern häufig sind, können mit Vitamin B1 vorgebeugt oder verbessert werden.

Vitamin B2 (Riboflavin) ist sehr stark lichtempfindlich. Bei Diabetes mellitus kann Vitamin B2 zur Vorbeugung und Behandlung bei diabetesbedingten Nervenschäden eingesetzt werden.

Vitamin B3 ist besser bekannt unter der Bezeichnung Niacin. Niacin ist Bestandteil mehrerer Coenzyme. Diese haben einen entscheidenden Einfluss auf den Kohlenhydrat-, Fettsäure- und Eiweissstoffwechsel. Niacin in Form von Niacinamid kann bei Diabetes mellitus Typ 1 zu Beginn der Erkrankung den Insulinbedarf reduzieren und die Zeit ohne Insulinbedarf verlängern.

Vitamin B6 (Pyridoxin) wirkt als Coenzym zahlreicher Enzyme. Es ist in fast allen Lebensmitteln enthalten. Ein Mangel an Vitamin B6 führt unter anderem zu Hautveränderungen und Störungen im Nerven- und Immunsystem. Angewendet wird Vitamin B6 beispielsweise bei diabetischen Nervenstörungen oder zu deren Vorbeugung.

Vitamin B12 (Cobalamin) spielt eine Rolle bei der DNA-Synthese, bei der Bildung von roten Blutkörperchen und ist notwendig zur Umwandlung von Folsäure in ihre Wirkform. Vitamin B12 wirkt ebenfalls bei diabetischen Nervenschäden.

Folsäure ist als Coenzym an der DNA-Synthese und der Bildung von roten Blutkörperchen beteiligt. Da Folsäure in der Nahrung in unterschiedlichen Bindungsformen und Strukturformen vorkommt, haben alle diese verschiedenen Folsäureverbindungen eine unterschiedliche Wirksamkeit im menschlichen Körper. Damit man dennoch die Folsäuremenge in Nahrungsmitteln berechnen kann, wurde der Begriff Folsäureäquivalent eingeführt. Das Folsäureäquivalent bezeichnet alle Folsäureverbindungen, die in Nahrungsmitteln vorkommen. Niedrige Folsäurespiegel im Blut gelten als Risikofaktor für gefäßverschließende Prozesse. Dieses ist für Diabetiker besonders von Bedeutung, da bei ihnen die Gefahr für Herz-Kreislauferkrankungen sowie für Schäden an den kleinsten Gefäßen (Mikroangiopathie) hoch ist. Daher ist es wichtig, auf eine ausreichende Folsäurezufuhr zu achten.

Alpha-Liponsäure

Alpha-Liponsäure ist ein fettlösliches Antioxidans, das entweder mit der Nahrung aufgenommen wird oder durch Eigenoxidation im Körper entsteht. Alpha-Liponsäure wirkt im Körper als Radikalfänger und kann andere Antioxidantien wieder regenerieren. Es wird auch als Therapeutikum bei der Behandlung von diabetischen Nervenstörungen eingesetzt.

Coenzym Q10 (Ubichinon)

Coenzym Q10 ist Bestandteil der Elektronentransportkette im Körper. Es kann Elektronen aufnehmen und wieder abgeben. Dadurch ist das Coenzym Q10 ein wichtiger Bestandteil für die Energiegewinnung des menschlichen Organismus. Weiterhin wirkt das Coenzym Q10 verbessernd auf die Herzfunktion und kann den Blutdruck senken. Als Antioxidans ist Coenzym Q10 ebenfalls wirksam. Es schützt die Zellen vor der Zerstörung durch Radikale und verringert damit auch

Komplikationen, wie zum Beispiel Folgeschäden, die bei Diabetes mellitus auftreten können.

Mineralstoffe

Zu den Mineralstoffen zählen Mengen- und Spurenelemente. Sie erfüllen im Körper wichtige Funktionen zum Aufbau und Erhalt des Körpers und zur Regelung von Stoffwechselabläufen.

Chrom

Chrom gehört zu den lebensnotwendigen Spurenelementen. Es hat einen positiven Einfluss auf den Kohlenhydratstoffwechsel, insbesondere bei Diabetikern, und wirkt sich ebenfalls positiv auf Blutfettwerte aus. Zudem ist Chrom wichtig für die Herstellung, Speicherung, Freisetzung und Wirkung von Insulin im Körper und beeinflusst so den Blutzuckerspiegel.

Zink

Zink ist ein wichtiger Cofaktor für Enzyme. Es stärkt zudem das Immunsystem, in dem es an der Produktion und Spezialisierung von Abwehrzellen des Immunsystems beteiligt ist. Zink wirkt auch direkt gegen Keime, insbesondere gegen verschiedene Viren. Des weiteren ist Zink für die Zellteilung und Stabilisierung von Zellwänden von Bedeutung. Für Diabetiker ist Zink besonders wichtig, denn es spielt, genau wie Chrom, bei der Speicherung und Wirkung des Insulins eine bedeutende Rolle.

Selen

Selen ist ein wichtiger Faktor bei der Herstellung und Wirkung von Enzymen. Es kann das Krebsrisiko senken, stärkt das Immunsystem und wirkt als Radikalfänger. Außerdem ist Selen am Aufbau des Insulinmoleküls beteiligt. Für Diabetiker ist daher eine ausreichende Versorgung mit Selen von wichtiger Bedeutung.

Pflanzliche Vitalstoffe

Zu den pflanzlichen Vitalstoffen zählen die sekundären Pflanzenstoffe. Sie wirken als Antioxidantien und entschärfen Radikale, die durch oxidativen Stress aufgrund der diabetischen Stoffwechsellage entstanden sind. Weiterhin schützen sie das Herz, bekämpfen Entzündungen und können diabetischen Folgeerkrankungen vorbeugen. In Pflanzen-Extrakte, wie dem Heidelbeer- und Traubenkernextrakt, sind die wirksamen sekundären Pflanzenstoffe in konzentrierter Form enthalten.

Heidelbeer-Extrakt

Heidelbeer-Extrakt wirkt stark antioxidativ. Er verbessert die Versorgung der Netzhaut des Auges mit Nährstoffen und fördert das Dämmerungs- und Kontrastsehen. Weiterhin wirkt sich Heidelbeer-Extrakt positiv auf die kleinsten Blutgefäße der Organe, wie Augen oder Niere, aus und hält sie für das Blut durchflussfähig.

Traubenkern-Extrakt

Der Traubenkern-Extrakt hat ebenfalls eine starke antioxidative Wirkung. Traubenkerne bestehen zu 40 Prozent aus Procyanidinen, also besonders gut wirksamen Antioxidantien. Diese haben eine starke Schutzwirkung auf Gefäße und wirken diabetesbedingten Gefäßschäden entgegen. Sie stärken zudem deren Wiederstandsfähigkeit und der Blutdurchfluss verbessert sich.

Tabelle: Empfohlene Zufuhr und Vorkommen wichtiger Vitalstoffe (modifiziert nach DACH-Referenzwerten für die Nährstoffzufuhr, 2000)

Vitalstoff	Empfohlene tägliche Zufuhr	Vorkommen (beispielhafte Lebensmittel)
Vitamin C	100 Milligramm	Kiwi, Orangen, Kartoffeln, Sanddorn
Vitamin B1	1,0 – 1,3 Milligramm	Getreide, mageres Schweinefleisch
Vitamin B2	1,2 – 1,5 Milligramm	Milch, Fleisch, Eier
Vitamin B3	13 – 17 Milligramm Niacin-Äqivalent	Fleisch, Fisch, Vollkornprodukte
Vitamin B6	1,2 – 1,6 Mikrogramm	Vollkornprodukte, Nüsse, Bananen
Vitamin B12	3,0 Mikrogramm	Leber, Fisch, Eier, Käse
Folsäure	400 Milligramm Folsäureäquivalent	Grüne Gemüse, Kartoffeln, Milch
Chrom	30 – 100 Mikrogramm	Pflanzenöle, Fleisch
Zink	7 – 10 Milligramm	Meeresfrüchte, Rindfleisch
Selen	30 – 70 Mikrogramm	Fisch, Fleisch, Nüsse

Autor: Sven-David Müller, M.Sc, Master of Science in Applied Nutritional Medicine (Angewandte Ernährungsmedizin), staatlich anerkannter Diätassistent und Diabetesberater der Deutschen Diabetes Gesellschaft (DDG), Haddamshäuser Weg 4a, 35096 Weimar an der Lahn, 1. Vorsitzender des Deutschen Kompetenzzentrum Gesundheitsförderung und Diätetik e.V., www.svendavidmueller.de, diaetmueller@web.de, www.dkgd.de

Literatur: Beim Verfasser, Praxis der Diätetik und Ernährungsberatung, Haug Verlag, E. Lückerath und S.-D. Müller; Kalorien-Nährwert-Lexikon, Schlütersche Verlagsgesellschaft mbH, K. Raschke und S.-D. Müller